Der Weg des Elektrons
ELEKTRONIK
MARCOS CERVANTES JANSSEN
AF728599

ELEKTRONIK

DER WEG DES ELEKTRONS

Von: Marcos Cervantes Janssen

INDEX:

Erstausgabe: 7. August 2022

Bearbeitet von Editorial
letrhttps://www.facebook.com/LETRA3ROJARoja

https

://www.newtek.janssen@gmail.com

@/letra33roja

https://newtekjanssen.es.tl/letra3roja@gmail.com

auf wirklich praktische Weise die Komponenten, Symbole, Konzepte und wesentlichen Teile dieser wunderbaren Wissenschaft verstehen, die in allen Bereichen unseres Lebens präsent ist Leben, Bildung, Medizin, Kochen, Unterhaltung, Haushalt, Geschäft, Kommunikation und viele mehr bekannt, die im täglichen Leben einen großen Beitrag zu unserer Leistungsfähigkeit in verschiedenen Bereichen leisten.
Der Weg des Elektrons durch verschiedene Materialien führt zu vielen nützlichen Anwendungen für die Menschheit, da das Elektron ein existierendes elektrisches Teilchen ist und zu Tausenden Strom erzeugt, der als Elektrizität bezeichnet wird. Dieser Strom wird umgewandelt und erzeugt verschiedene Phänomene, wenn er manipuliert wird, die Komponenten in den verschiedenen Modulen, die wir hier sehen werden.

Elektronen sind Teil von Atomen, Teilchen, aus denen alles besteht, was im Universum existiert, so dass jede elektronische Komponente anders auf den Durchgang von Elektronen oder elektrischem Strom reagiert, diese Energie fließt durch eine Potentialdifferenz. Ich werde Ihnen mit einer klaren und direkten Sprache die Ereignisse, die in jeder Komponente aufgetreten sind, und ihre praktischen Anwendungen im täglichen Gebrauch des Lebens präsentieren, damit Sie verstehen und eintreten ohne Zweifel in eine sehr interessante Welt. Heutzutage hängt die gesamte Kommunikation und die Computerwelt direkt von diesen präzisen Bewegungen des Elektrons durch Computer, Schaltkreise und andere Geräte ab, die Schaltkreise voller Komponenten haben. Präsenz, Abwesenheit und Interaktion - das Thema ist, das uns in dieser Abhandlung beschäftigt, wir werden grundlegende und einfache Formeln für ein besseres Verständnis dieses so notwendigen und aktuellen Themas sehen.

WIDERSTAND:

Der Widerstand ist eine Komponente, die, wie der Name schon sagt, im Falle des Elektrons und seines Durchgangs durch es widersteht, der Widerstand stoppt den Fluss von ihnen, es ist auf praktische Weise, wie einen Schlauch zu zerquetschen oder teilweise zu schließen der Wasserhahn, was zu einer Verringerung des Wasserflusses führt, auf diese Weise wird der elektrische Fluss reduziert, das bedeutet, dass weniger Elektronen durch einen Widerstand gehen, da dieser einen höheren Widerstandswert hat, der uns die Reduzierung des elektrischen Flusses ermöglicht um die verschiedenen Auswirkungen des elektrischen Stroms in unseren Werkzeugen zu kontrollieren und die von unserem Design gewünschten Ergebnisse zu erzielen, wodurch die Änderungen der Temperatur und des elektrischen Flusses ausgenutzt werden.

Die Kontrolle der Spannung ist für das digitale Fach von entscheidender Bedeutung, denn wir wissen, dass die logische 1 in der binären Mathematik eine Spannung von 5 Volt ist und ihre Abwesenheit die binäre Null ist, mit der diese wunderbare Welt der Bits behandelt wird, per Definition der vorhandene Spannung. Der Widerstand beim Ausüben dieser Aktion gegen den Durchgang von Elektronen erzeugt Wärme, einen thermischen Effekt, der die Umwandlung von Energie darstellt. Ein praktisches Beispiel sind die einfachen Heizungen zur Wasseraufbereitung in einem Eimer, erinnern wir uns auch an das Heckscheibenheizung System in Autos , und als weiteres gängiges Beispiel das Bügeleisen. Jeder Widerstand erzeugt entsprechend seiner Größe und seinem Wert diesen thermischen Effekt, entsprechend dem Wert und dem elektrischen Fluss durch ihn.

Wird der zulässige Strom für jeden Widerstandstyp überschritten, schmilzt er wie eine Sicherung, deshalb müssen die Arbeits Spezifikationen bekannt sein. Der Widerstand in elektronischen Schaltungen ist millimeter groß und in der Industrie von beträchtlicher Größe, bestehend aus einem Filament, das in einem Keramikkörper die chemischen Eigenschaften seiner Beschaffenheit hat, die dem elektrischen Strom entgegenstehen. Der elektrische Strom, der nicht, wie es seine Natur vorsieht, linear verlaufen kann, wird in Wärme umgewandelt, wodurch der Körper des Bauteils in seiner Außentemperatur beeinflusst wird. Bei einer Reihenschaltung addieren sich die Widerstände, bei einer Parallelschaltung müssen wir eine spezielle Berechnungsformel verwenden. Es gibt einen Farbcode, der im Körper der elektrischen Widerstände ihren Funktionswert offenbart, all diese Daten sind für das Design von Modulen in der Elektronik notwendig.

INDUKTOR ODER SPULE:

Diese Komponente ist ein Element, das dem Widerstand sehr ähnlich ist, aber seine Funktion besteht in diesem Fall nicht darin, dem elektrischen Fluss entgegenzuwirken, sondern seinen Schwankungen entgegenzuwirken, was für die Kommunikation und Signalfilterung sehr wichtig ist. Wir werden in den Komponenten zwei Arten von elektrischem Strom sehen: den polarisierten Gleichstrom, der als Gleichstrom bezeichnet wird, und den Wechselstrom, der mit einer Frequenz von Polwechseln fließt. Die Spule ist eine Spirale, die beim Leiten von Gleichstrom keinen Widerstand ausübt und sich wie ein linearer Leiter verhält, nicht so bei Wechselstrom, in diesem Fall widersetzt sich die Spule dem Wechselstrom, und um das Bauteil herum wird ein Magnetfeld erzeugt, also die Spannung wird in Magnetismus anstatt in Wärme umgewandelt, wie es beim Widerstand der Fall war.

Ein Beispiel für die Verwendung von Spulen ist die Radio Abstimmung, bei der es von entscheidender Bedeutung ist, elektrische Signale in magnetische umzuwandeln und sie auf diese Weise über die Luft übertragen zu können, so wie es der Empfänger mit den entsprechenden Formeln kann Stimmen Sie diese Signale ab, erzeugen Sie eine Antenne und empfangen Sie die enthaltenen Informationen über beträchtliche Entfernungen. Einen Sender zu haben, und die Möglichkeit, ihn über viele Module gleichzeitig empfangen zu können, war der große Boom des Radios, ebenso wie die abgestimmte Kommunikation, die einen korrekten Dialog zwischen zwei spezifischen Punkten ermöglichte. Heutzutage werden Induktoren in sehr leistungsstarken Anwendungen wie Mikrowellen und Luft Spannungsübertragung verwendet, wie z. B. die neuen magnetischen Induktionsherde, die einen geringen Verbrauch und einen hohen thermischen Wirkungsgrad bieten.

Wir haben also eine Tesla-Antenne, eine Spule mit einer speziellen Konfiguration und einer sehr interessanten Konstruktion. Es wandelt den elektrischen Strom in ein dichtes Magnetfeld um, das sogenannte induktive Plasma, das nicht nur ein Signalträger, sondern auch ein Luftspannungssender ist, der derzeit zum drahtlosen elektronischen Laden verschiedener Geräte verwendet wird, wobei sich die Anwendungen von Induktoren weiterentwickeln werden Metallurgie-, Raumfahrt- und Medizinindustrie, da ihre Bedeutung bei der Induktion bei drahtlosen Hochspannungs Projekten zusammen mit der Computerübertragung von grundlegender Bedeutung ist, sowie was sich im Laufe der Zeit herausstellt, sind heute Gegenstand des Studiums und der Entdeckung von Innovationen, die wirklich notwendig sind, um unsere Zukunft zu gestalten drahtlose Energie, dies für die Erforschung des Quantenraums.

KONDENSATOR ODER KONDENSATOR:

Diese Komponente widersetzt sich im Gegensatz zur Spule dem Gleichstrom und nicht dem Wechselstrom. Sie wird als Filter bezeichnet, da sie die Spannung bei Schwankungen stabilisiert. Sie funktioniert im Grunde als Hochgeschwindigkeits-Akkumulator, als Laden und Entladen. Es gibt zwei Arten von Kondensatoren, den Keramikkondensator für hohe Wechselfrequenzen und den Elektrolytkondensator, Filter genannt, der auch an seinen Anschlüssen polarisiert ist und der zur Unterdrückung von Spannungsspitzen, Rauschen genannt, dient. In der digitalen Elektronik ist es von entscheidender Bedeutung, dass das Signal sehr stabil ist, da alle Daten auf null Volt und 5 Volt basieren, sodass eine Spannungsspitze ohne Zuordnung entweichen kann, nicht nur aufgrund eines technischen Defekts. , verursacht eine falsche binäre Codierung und Decodierung, wenn unlesbare oder erhöhte Bits gefunden werden. Kondensatoren in Audiosystemen sorgen für eine professionelle Definition sowie die notwendige Entzerrung mit Hilfe von Spulen und Widerständen für eine spezielle Klangausgabe, wodurch alle spezifischen Pegel und Bereiche erreicht werden, die für jedes Instrument und jeden Stimmton erforderlich sind. Daher ist der Kondensator unerlässlich. Der Kondensator in Kombination mit anderen Komponenten erzeugt ein Signal namens Quadrat, das ein Kompass ist, der den fortlaufenden Marsch definiert, in digitalen Prozessen, daher basiert die Programmierung vollständig auf synchronisierten Datenpaketen, es ist daher für diese Angelegenheit, dass die Definition eines sich wiederholendes Signal, aber in seinen Fehlern von großer Qualität, wird dazu führen, dass die Informationen in jedem einzelnen der uns bekannten digitalen Geräte effizient generiert, übertragen und gelesen werden.

Es gibt einen variablen Kondensator, der innerhalb einer Schaltung eine Reihe von Änderungen vornimmt, die es ermöglichen, unterschiedliche Frequenzen abzustimmen, oder diese je nach Fall zu erzeugen, sodass in digitalen Systemen digitale und analoge Informationen auf sehr präzise Weise erzeugt werden können, um zu erreichen, Schnelligkeit und Sicherheit in diesem Bereich. Auch beim Thema Speicher ist es wirklich notwendig, dass die Kondensatoren ihre genauen Pegel zu den genauen Zeiten beibehalten, um die genauen Informationen in den Speichergeräten und mit effektiven Geschwindigkeiten zu speichern. Zum Thema elektronische Kopplung erfüllen Kondensatoren sehr wichtige Aufgaben, es gibt einen piezoelektrischen Kondensator, der in der Lage ist, elektrischen Strom zu erzeugen, wenn er physikalisch gedrückt wird, mit bestimmten Frequenzen und bestimmten Zwecken.

DIODE:

Die Diode ist ein sehr nützliches elektronisches Bauteil, mit dem der Transistor hergestellt wird, die Diode leitet den Gleichstrom nur in eine Richtung und der Wechselstrom richtet ihn gleich, denn wenn wir nur einen Pol leiten, haben wir nur ein Vorzeichen linken Ausgang des Geräts, dies wird als Gleichrichtung bezeichnet. Die Diode funktioniert wie ein hydraulischer Stichel oder die sogenannte Kontrolltaste, sie lässt nur den Durchfluss in eine Richtung zu, daher wird das elektronische Bauteil auch in der Digitalelektronik zum Erkennen von Nullen oder Einsen verwendet. Gleichrichterdioden werden in allen Netzteilen auf dem Markt verwendet, ihre Eigenschaft, nur in eine Richtung zu treiben, korrigiert und gleicht falsche Polarisierungen in Präzisionsschaltungen aus, jede Diode steht für einen typischen Verbrauch von 0,7 Volt.

Es gibt eine spezielle Diode mit dem Namen Jener zu Ehren des Erfinders, diese Diode hat die Besonderheit, Teil des AM-Empfängers zu sein, der keine Batterien benötigt, dies ist möglich, weil er aufgrund seiner Empfindlichkeit nur mit der Arbeit arbeitet Spannung der Diode , das ist das Signal, das über der Luft durch seine Antenne in den Stromkreis eintritt, und dieses Signal wird von der Diode in modulierte Spannung umgewandelt, sodass es mit Hilfe eines piezoelektrischen Kopfhörers deutlich genug zu hören ist. Dioden bilden derzeit integrierte Schaltungen, daher ist es möglich, kombinatorische Logik durch diese Komponenten zu verarbeiten, die die Grundlage von Logikgattern bilden, und bilden somit zusammen mit anderen Grundkomponenten die Grundlage für miniaturisierte Halbleiter, und zu Tausenden kompaktiert, in diesen winzigen Geräten Komponente unverzichtbar.

TRANSISTOR:

Diese Komponente hat drei Anschlüsse, genannt Basis, Kollektor und Emitter, wobei die Basis die Komponente steuert und der Kollektor und der Emitter die Hauptfunktion der Komponente erfüllen.

Die Hauptfunktion dieser Komponente besteht darin, ein Schalter, Regler und Gatter in der kombinatorischen Elektronik zu sein, wodurch dieses Element der Elektronik die erste entwickelte integrierte Schaltung wird.

Nehmen wir praktisch an, dass die Komponente, die ein Absperrhahn in einer Wasserleitung ist, wobei die Kurbel die Basis, der Wassereinlass der Kollektor und der Emitter Auslass ist, also abhängig von der Bewegung der Kurbel ist, Das heißt, die Basis, die in der Elektronik durch die Anzahl der an die Basis gelieferten Volt gesteuert wird, ist somit der Strom zwischen Kollektor und Emitter.

Transistoren sind die technische Basis komplexer Mikrochips, deren Schalteigenschaft die für die digitale Entwicklung notwendige kombinatorische Logik ausführt, also miniaturisiert, und im Wesentlichen in logischen Gattern angeordnet, womit wir damit die erste Grundlage der Computer Elektronik haben werden bereits drei Jahrzehnte in der Entwicklung, also wird es so weitergehen.

Wir haben auch Leistungstransistoren, die für industrielle Zwecke sind, also wurde die Industrie automatisiert und mit diesen Komponenten wie Schaltern und Reglern, die die Prozesse verschiedener Bereiche in der Industrie steuern,

Auch im Bereich Schall, das Transistoren leistungsstarke Verstärker entwickelt haben, sind sie Teil komplexer Entzerrungs- und Modifikationssysteme, um diese Aktivität zu verbessern.

Im Bereich der Mess- und Instrumententechnik sind Transistoren in Kombination eine Reihe von Sensoren, sie sind heute großartige medizinische und industrielle Werkzeuge im Spezialbereich der Messung, auch von kontrollierten Versorgungen, in entfernten Systemen, für den Bergbau, die Medizin und den Weltraum Bereich.

Transistoren, ob Steuer- oder Leistungstransistoren, werden durch Forschung immer fortschrittlicher, was zu weiteren Steigerungen der Präzision und Leistung sowie zu Verbesserungen durch Verringerung ihrer Größe und Steigerung ihrer Effizienz führt.

Heutzutage wächst die Zahl der in Mikrochips eingekapselten Transistoren aufgrund der Weiterentwicklung ihrer Herstellung und Verbesserungen ihrer Designs, die in Zukunft wie neuronale Netze aussehen werden, exponentiell.

INTEGRIERTER SCHALTKREIS:

Hier entwickeln sich alle Komponenten individuell, reduzieren ihre Größe und erhöhen ihre Effizienz, so dass sie in einem Satz für spezielle Zwecke innerhalb einer Kapselung, die als integrierte Schaltung bezeichnet wird, miteinander verbunden sind.

Das sogenannte IC ist das eigentliche Zentrum der Rechenleistung, jedes Motherboard hat einen Mikrochip als Prozessoreinheit, mit unzähligen Elementen, sehr spezialisiert aufgebaut und für hochpräzise Zwecke gefertigt.

Aus praktischen Gründen wird die Größe unserer modernen Technologie jeden Tag kleiner, aber leistungsfähiger, wir haben erkannt, dass sich der Zweck jeder dieser komplexen Komponenten auf unglaubliche Weise entwickelt.

EPILOG:

Wir wissen, dass unser menschlicher Körper aus verschiedenen Systemen besteht, in denen wir das Blutkreislaufsystem und das Nervensystem finden, in letzterem fließt ein elektrischer Strom durch unseren Körper. Auch unsere Neuronen sind mit Energie aufgeladen, die unser ganzes Leben lang ununterbrochen zirkuliert.

In dem wunderbaren Thema Elektronik erkennen wir, wie wir von der Natur gelernt haben, und viele der Funktionen reproduziert haben, die sie hervorbringt, all dies hat uns an der Hand geführt, Computer zu erzeugen, hier entwickeln wir sie künstlich, a programmierter künstlicher Verstand, der das Ziel hat zu lernen und immer mehr eigene Entscheidungen zu treffen, indem er Erfahrungen sammelt. Neben dem Sektor der Überwachung und der Belebung von Humanoiden mit Roboter Gliedern erhalten sie dank Mikrochips diese künstlichen Köpfe.

Ob Computer, Häuser oder sogar Humanoide, wir werden in Zukunft Roboter haben, die in der Lage sind, auf Prinzipien des Respekts und gegenseitiger Hilfe zu reagieren. Erinnern wir uns daran, dass wir seine Schöpfer sind und aus diesem Grund für sein Lernen, seine Entwicklung und sein Vermächtnis verantwortlich sind. Auf diese Weise entwickeln sich Pflanzen und Tiere, und auf diese Weise kann der Mensch durch seine Schöpfung wirklich in das Gesamtwissen der Schöpfung vordringen. Es ist aufregend, dass jede Komponente völlig anders ist, aber alle von ihnen sind wesentlich und haben einen echten Platz nur für sie. Die Aktualisierungen ihrer Herstellung nehmen uns an der Hand in die Zukunft, da sie die Elektronik der Zukunft sind, die Tatsache von Integration unserer biologischen Realität, ihrer richtigen Integration und wahren menschlichen Respekt. Aus diesem Grund müssen wir immer erkennen, dass Elektronik das Studium natürlicher Prozesse ist, die von unseren Händen zum Wohle des Gemeinwohls nachgebildet werden.

Hallo, ich bin Forscher, Schriftsteller und Kommunikationsingenieur, mein ganzes Leben lang habe ich in jeder Hinsicht starke Situationen erlebt. Ich wünsche mir, dass Ihr Leben immer besser verläuft und dass Sie sich so weit wie möglich weiterentwickeln, indem Sie Ihr Wissen erweitern und werden, ich bin sicher, wir finden und erweitern unsere Existenz, ich will dich immer begleiten, und ich danke dir im Voraus, DU BIST

auf wirklich praktische Weise die Komponenten, Symbole, Konzepte und wesentlichen Teile dieser wunderbaren Wissenschaft verstehen, die in allen Bereichen unseres Lebens präsent ist Leben, Bildung, Medizin, Kochen, Unterhaltung, Haushalt, Geschäft, Kommunikation und viele mehr bekannt, die im täglichen Leben einen großen Beitrag zu unserer Leistungsfähigkeit in verschiedenen Bereichen leisten.

ISBN 9798363003066
90000
9 798363 003066

www.ingramcontent.com/pod-product-compliance
Ingram Content Group UK Ltd.
Pitfield, Milton Keynes, MK11 3LW, UK
UKHW021055290826
14628UKWH00015B/3114

9 798363 003066